National Museum of Wales
Cardiff 1981

Big Pit, Blaenafon

This booklet was written by Dr. W. Gerwyn Thomas, Welsh Industrial and Maritime Museum (National Museum of Wales).

Welsh translation by W. Morgan Rogers.

© National Museum of Wales, 1981

ISBN 0 7200 0233 8

Amgueddfa Genedlaethol Cymru
Caerdydd 1981

Big Pit, Blaenafon

Ysgrifennwyd y llyfryn hwn gan Dr. W. Gerwyn Thomas, Amgueddfa Diwydiant a Môr Cymru (Amgueddfa Genedlaethol Cymru).

Cyfieithiad Cymraeg gan W. Morgan Rogers.

Ⓗ Amgueddfa Genedlaethol Cymru, 1981

ISBN 0 7200 0233 8

Introduction

Big Pit is located in the north-eastern corner of the South Wales Coalfield on the hillside to the west of Afon Lwyd. The river which rises near Garn-yr-erw just above Blaenafon has, until recently, been used as a subterranean drainage channel for a number of underground water courses from numerous old workings in the area. It has now been diverted into a new course at surface level and rejoins its original course to the east of Big Pit at a point known as the River Arch and flows south towards Pontypool. The River Arch adit includes the stone arched Forge Level, which provides an alternative means of access to the bottom of Big Pit.

The Afon Lwyd Valley forms the eastern boundary of the South Wales Coalfield, the seams outcropping on both sides of the valley, from Blaenafon down to Cwmbran. As a result of the extensive outcropping, not only along the valley, but also across the northern rim of the coalfield, from Brynmawr to Pwlldu and the Blorenge, some very early evidence of coal mining activity, such as workings on the slopes of the Blorenge to the north-east of Blaenafon in the 14th century, is to be found here. Some named collieries are known to have been worked within easy reach of Newport towards the end of the 18th century and the completion of the Monmouthshire Canal and its tramroad connections by 1799 provided the essential transport facilities for coal to be sent to Newport from as far north as Blaenafon.

It was the opening of the Blaenavon Ironworks in 1789, however, that created the first consistent demand for coal in the area. This resulted in the opening of levels as well as patch works (surface workings) along the extensive outcrop. According to Lewis Browning, a local historian, there was a Bridge Level at work in Blaenafon in 1782. This was soon followed by others, almost all owned by the Blaenavon Ironworks. By 1800, the first pits, the Old Coal Pits, were sunk near the coke-yard. At the same time the Engine Pit and Cinder Pits Nos. 1 and 2 were sunk in the middle of the valley to the west of the ironworks. Sometime between 1800 and 1824 the New Slope, better known as Dick Kear's Slope, was opened north of the Cinder Pits. The mouth of Kear's Slope was visible until recently and the entrance to Engine Level, which connects underground with Engine Pit, can be seen today.

On the valley's eastern hillside above Kear's Slope was the Balance Pit and on the same hillside at the same level as the balance pit were Hill Pit (to the south) and New Pit (to the north). Further south from Hill Pit was Tunnel

Rhagarweiniad

Ar gyrion gogledd-ddwyrain maes glo De Cymru y mae'r Big Pit. Saif ar y llethr tua'r gorllewin o Afon Lwyd sy'n tarddu gerllaw Garn-yr-erw ychydig uwchlaw Blaenafon. Tan yn ddiweddar fe ddefnyddid yr afon hon fel sianel ddraenio dan-ddaearol ar gyfer nifer o gyrsiau dŵr a redai o'r hen weithfeydd lleol. Bellach fe'i trowyd i gwrs newydd ar yr wyneb, i ddychwelyd i'w hen gwrs gwreiddiol wrth y River Arch ar ochr ddwyreiniol Big Pit cyn llifo tua'r de i gyfeiriad Pont-y-pŵl. Mae adit y River Arch yn cynnwys y Forge Lefel a'i tho bwaog y gellid ei defnyddio i fynd hyd waelod y Big Pit.

Cwm Afon Lwyd yw ffin ddwyreiniol maes glo De Cymru ac ar bob ochr y cwm fe welir y gwythiennau glo yn brigo i'r wyneb o Flaenafon i lawr cyn belled â Chwmbrân. O ganlyniad i'r brigo hwn, nid yn unig ar hyd y cwm ond hefyd ar draws ymyl ogleddol y maes glo o Frynmawr i Bwlldu a'r Blorenge, fe welir hen olion, fel y rhai ar lethrau'r Blorenge tua'r gogledd-ddwyrain o Flaenafon, lle buwyd yn cloddio am lo mor gynnar â'r 14eg ganrif. Gwyddys i lofeydd heb fod nepell o Gasnewydd gael eu gweithio tua diwedd y 18fed ganrif. Pan gwblhawyd Camlas Sir Fynwy a'r tramffyrdd a gysylltai â hi ym 1799 gellid cario glo i Gasnewydd o ganolfannau cyn belled i'r gogledd â Blaenafon.

Agor Gwaith Haearn Blaenafon ym 1789 a fu'n gyfrifol yn bennaf am y galw cynyddol a chyson am lo yn yr ardal. O ganlyniad, fe agorwyd lefelau yn ogystal â chloddio am lo'r wyneb lle brigai'r wythïen. Yn ôl Lewis Browning, hanesydd lleol, gweithid lefel ym Mlaenafon mor gynnar â 1782. Yn fuan wedyn, gweithid rhagor o lefelau, y rhan fwyaf ohonynt ym meddiant Gwaith Haearn Blaenafon. Erbyn 1800 cawsai'r pyllau cyntaf, yr Old Coal Pits, eu suddo ger yr iard gôc. Yr un pryd suddwyd yr Engine Pit a Phyllau Cinder 1 a 2 ar ganol y cwm tua'r gorllewin o'r gwaith haearn. Rhywbryd rhwng 1800 a 1824 agorwyd y New Slope, a adnabyddid yn well fel Dick Kear's Slope, tua'r gogledd o'r Pyllau Cinder. Yr oedd ceg Kear's Slope i'w gweld tan yn ddiweddar; gwelir o hyd y fynedfa i'r Engine Level a gysylltai o dan y ddaear â'r Engine Pit.

Ar lechwedd dwyreiniol y cwm uwchlaw Kear's Slope y ceid y Balance Pit ac ar yr un llechwedd roedd Hill Pit (tua'r de) a'r New Pit (tua'r gogledd). I'r dde o Hill Pit yr oedd Tunnel Mouth, sef lefel a weithid yn wreiddiol i gael cyflenwad o fwyn haearn i waith Blaenafon. Cawsai'r lefel ei thorri drwy'r mynydd ar gwrs gogleddol nes dod allan filltir i ffwrdd ym Mhwlldu. Dyma Dwnel Pwlldu a oedd yn rhan o'r dramffordd a adeiladwyd gan Thomas Hill

Mouth, a level originally worked to supply ironstone for the Blaenavon Ironworks. The level, driven northwards through the mountain, eventually emerged just over a mile away at Pwlldu. Known as the Pwlldu Tunnel, it formed part of the tramroad built by Thomas Hill in 1817 to carry iron from his Blaenavon Ironworks to his forge at Garnddyrys. The tunnel also served to bring limestone from the Pwlldu Quarries to the Blaenavon Ironworks.

Hill Pit was sunk by Thomas Hill & Son in 1835, but a year later the Blaenavon and Garnddyrys Works together with their mines and collieries were sold to R.W. Kennard, founder of the Blaenavon Iron and Coal Company. The date of sinking the Balance Pit is uncertain, but New Pit was probably sunk by Thomas Dyne Steel after his appointment as manager of the Blanavon Company's sale coal collieries in 1848.

In the valley below these pits and to the north of Kear's Slope, lay Garn Pit, Kay's Slope and the much later Garn Slope. Garn Pit was sunk before 1839 and Kay's Slope was driven to the surface from the underground workings in the Three Quarter Seam of Kear's Slope in 1855. Garn Slope was driven northwards, in 1925, while Kay's Slope was driven westwards.

Forge Pit, on the western side of the valley west of Engine Pit, was sunk soon after the formation of the Blaenavon Iron and Coal Company in 1836. The pit's predecessor was the Forge Level, driven westwards from near the river bank where a culvert was constructed later to incorporate the mouths of Forge Level and the water course known as Woods Level (from Kear's Slope, Kay's Slope and Milfraen) and join them in the River Arch adit. Forge Pit was sunk on higher ground west of the Forge Level entrance, convenient for the furnaces of the new Forgeside Ironworks of the Company. Dodd's Slope, higher up the hillside and to the west of Forge Pit was opened in 1840. The Coity Pits, which were also sunk in 1840, lay further up the hillside from Dodd's Slope and consisted of twin pits of 9ft diameter, 9ft apart, which were sunk to a depth of 404ft.

Until it closed in 1980 Blaenavon Mine, which includes the original Big Pit, sunk in 1860, and the new drift completed in 1973, was the oldest working mine in South Wales. The pit is 293ft deep, elliptical in shape with diameters of 18ft and 13ft, and is stone lined for the first ten yards near the surface. It became the coal winding shaft for the colliery, and the earlier Coity Pits were subsequently used as upcasts. The original winding arrangements at Big Pit consisted of a twin cylinder horizontal steam engine with a flat rope. This was replaced by an electric winder and a conventional round rope in January 1953.

ym 1817 i gario haearn o Waith Blaenafon i'w efail yng Ngharnddyrys. Defnyddid y twnel hefyd i gario calch o Chwarel Pwlldu i Waith Blaenafon.

Gan Thomas Hill a'i Fab ym 1835 y suddwyd yr Hill Pit, ond flwyddyn yn ddiweddarach fe werthwyd gweithfeydd Blaenafon a Garnddyrys ynghyd â'u pyllau a'u glofeydd perthynol i R.W. Kennard, Sefydlydd Cwmni Haearn a Glo Blaenafon. Mae ansicrwydd ynglŷn â dyddiad suddo'r Balance Pit ond gan Thomas Dyne Steel, ar ôl iddo gael ei benodi'n rheolwr glofeydd Cwmni Blaenafon ym 1848, y suddwyd y New Pit.

Yn y cwm islaw'r pyllau ac i'r gogledd o Kear's Slope y mae Garn Pit, Kay's Slope a'r Garn Slope a berthyn i gyfnod llawer iawn diweddarach. Suddwyd Garn Pit cyn 1839 a chloddiwyd Kay's Slope i fyny i'r wyneb o'r gwaith tan ddaear yng Ngwythïen Three Quarter y Kear's Slope ym 1855. Cloddiwyd Garn Slope tua'r gogledd ym 1925; tua'r gorllewin y gyrrwyd Kay's Slope.

Suddwyd Forge Pit ar ochr orllewinol y cwm, tua'r gorllewin o'r Engine Pit yn fuan ar ôl i Gwmni Haearn a Dur Blaenafon gael ei ffurfio ym 1836. Rhagflaenydd y pwll hwn oedd y Forge Level a gawsai ei gyrru o lecyn gerllaw'r afon lle y gosodwyd cwlfert yn ddiweddarach i ymgorffori genau Forge Level a'r cwrs dŵr a adwaenid fel Woods Level (o Kear's Slope, Kay's Slope a Milfraen) a'u cyfuno yn adit River Arch. Ar dir uwch, i'r gorllewin o fynedfa'r Forge Level y suddwyd Forge Pit ac yr oedd y safle hwn yn gyfleus iawn o safbwynt ffwrneisi Gwaith Forgeside y Cwmni a oedd newydd gael ei agor. Ym 1840 yr agorwyd Dodd's Slope yn uwch i fyny ar y llethr ac i'r gorllewin o Forge Pit. Ym 1840 hefyd y suddwyd Pyllau'r Coity. Yr oedd y rhain yn uwch i fyny eto na'r Dodd's Slope. Dau bwll 9 troedfedd ar draws, 404 troedfedd o ddyfnder a 9 troedfedd rhwng un a'r llall oedd pyllau'r Coity.

Tan ei gau ym 1980, Pwll Blaenafon, a gynhwysai'r Big Pit gwreiddiol ynghyd â'r drifft newydd a gwblhawyd ym 1973, oedd y pwll hynaf a gâi ei weithio yn Ne Cymru. Mae'n 293 troedfedd o ddyfnder, yn hirgrwn ac yn 18 a 13 troedfedd ar draws. Am y deg llath cyntaf ger yr wyneb gosodwyd cerrig o gylch ei ymylon. Yn ddiweddarach fe'i defnyddiwyd fel siafft i'r lofa a defnyddiwyd y Pyllai Coity cynharaf i ddychwelyd yr awyr i'r wyneb. Cynhwysai system ddirwyn wreiddiol y Big Pit beiriant ager llorweddol dau silindr a rhaff wastad. Ym mis Ionawr 1953 disodlwyd y rhain gan beiriant dirwyn trydan a ddefnyddiai raff gron gonfensiynol.

Ym 1873 gweithiai Cwmni Blaenafon un ar bymtheg o lofeydd yn ogystal â'r

In 1873 the Blaenavon Company operated sixteen collieries in addition to the ironworks and in the next fifteen years a few more collieries were added and some were closed. One of those added was Milfraen, 1½ miles north-west of Big Pit. During the first quarter of this century, the Company's colliery operations were centred around Big Pit, Forge Slope (1880), Kay's Slope and Milfraen. After 1933, Milfraen was used for ventilation purposes only and in 1938 Big Pit, Kay and Garn Slopes were the only three Blaenafon collieries still working and this was the situation in 1958 when Big Pit employed 1,090 men and Kay and Garn Slopes, 711. In 1966, only Big Pit remained in production. A scheme to continue it with Kay and Garn Slopes, involving a new southward drift north of Big Pit, was abandoned after little more than 100yds. In 1970 the manpower was down to 494 and the only seam worked was the Garw, the lowest coal seam with its maximum thickness of 2ft 6in.

In 1971 it was decided to resume driving the new drift, but in an easterly direction to exploit nearby reserves in the Garw Seam. The additional 500yd tunnel to connect with the Garw Seam workings was completed in 1973. The main characteristic of the Garw Seam, besides being a first class coking coal, is its hardness and until then it had defeated all attempts at mechanisation. Face machinery and roof support systems were at last available which could cope with the conditions and eliminate the arduous task of hand-filling. A Gleithobel or Rapid Plough was installed to cut and load the coal on to a flexible armoured chain conveyor leading to a series of belt conveyors which carried it to the surface and the coal preparation plant.

The new drift replaced the Big Pit shaft for coal raising and the shaft was used for man-riding purposes only and for ventilation. The colliery's manpower was approximately 250 during the first half of 1979. It ceased production on 2nd February, 1980, due to exhaustion of reserves.

The need to preserve a complete coal mine had been apparent for a number of years before Big Pit presented itself as a possible choice. Previous discussion with the National Coal Board regarding the preservation of various collieries after their closure had been unsuccessful for a number of reasons, such as excessive depth, drainage or ventilation problems etc. Towards the end of 1972, when the development scheme was under way to replace the shaft at Big Pit by a drift for coal raising purposes, the possibility of preserving the shaft and surface buildings at the original pit site seemed most promising. It was agreed that the colliery was a suitable choice for a coal mine museum especially because of its shallow depth; the

gwaith haearn ac yn ystod y pymtheg mlynedd dilynol ychwanegwyd atynt rai glofeydd a chaewyd rhai eraill. Un o'r glofeydd a ychwanegwyd oedd Milfraen, 1½ milltir i'r gogledd-orllewin o'r Big Pit. Yn ystod chwarter cyntaf y ganrif hon canolbwyntiai'r Cwmni ar y Big Pit, Forge Slope (1880) Kay's Slope a Milfraen. Wedi 1933 at ddibenion awyru'n unig y defnyddid Milfraen ac erbyn 1938 Big Pit, Kay Slope a Garn Slope oedd yr unig byllau a weithid yn ardal Blaenafon. Yr un oedd y sefyllfa hefyd ym 1958 pan gyflogid 1,090 o wŷr yn y Big Pit a 711 yn y ddau bwll arall. Erbyn 1966, y Big Pit yn unig oedd ar agor a mabwysiadwyd cynllun i'w weithio gyda Kay Slope a Garn Slope drwy ddefnyddio drifft newydd i'r gogledd o'r Big Pit, ond rhoddwyd y gorau iddo ar ôl gyrru'r drifft am 100 llath. Ym 1970, 494 o ŵyr yn unig a gyflogid, a gwythïen y Garw, a fesurai 2½ troedfedd ar ei heithaf, a weithid yn unig.

Ym 1971 penderfynwyd ailgychwyn y drifft newydd a gyrru tua'r dwyrain y tro hwn, yn hytrach na thua'r de fel cynt, er mwyn cyrraedd Gwythïen y Garw. Ar ôl torri twnel 500 llath cyrhaeddwyd y Garw ym 1973. Yn ogystal â chynhyrchu glo o'r radd flaenaf, prif nodwedd y wythïen hon oedd ei natur galed a oedd, hyd ddechrau'r saithdegau, wedi trechu pob ymdrech i'w gweithio â pheiriannau. O'r diwedd fe gafwyd peiriannau a systemau cynnal y to a allai oresgyn yr anawsterau, a bellach doedd hi ddim yn angenrheidiol llwytho'r glo â dwylo. Gosodwyd Gleithobel neu Aradr Gyflym i dorri a llwytho'r glo ar gadwyn gludo ystwyth a arweiniai at gyfres o feltiau cludo a godai'r glo i'r wyneb ac i'r ganolfan lle câi ei drin a'i baratoi.

I godi glo, fe ddisodlwyd siafft y Big Pit gan y drifft newydd a defnyddid yr hen siafft yn unig i godi ac i ostwng gweithwyr ac at ddibenion awyru. Tua 250 o lowyr a weithiai yma yn hanner cyntaf 1979 ac ar 2 Chwefror, 1980 cwblhawyd y cynhyrchu pan ddihysbyddwyd y glo.

Am flynyddoedd buwyd yn pwyso a mesur y posibiliadau o gadw a diogelu pwll glo cyfan cyn canolbwyntio ar bosibiliadau'r Big Pit. Am nifer o resymau, methu a fu hanes y trafodaethau blaenorol a gafwyd gyda'r Bwrdd Glo ynglŷn â phosibiliadau cadwraeth yr hen byllau. Ymhlith yr anawsterau y buwyd yn eu trafod yr oedd dyfnder, traenio ac awyru'r pyllau. Tua diwedd 1972 pan ddatblygwyd y cynllun i dorri twnel er mwyn disodli hen siafft Big Pit, yr oedd posibiliadau cadw a diogelu'r siafft a'r adeiladau ar ben y pwll yn eithaf addawol. Cytunwyd y byddai pwll yn un addas at ddibenion amgueddfa yn arbennig felly gan nad oedd yn rhy ddwfn. Hysbysodd Cyfarwyddwr Rhanbarth De Cymru o'r Bwrdd Glo Cenedlaethol ei staff na ddylid symud yr un eitem o werth hanesyddol ar safle wreiddiol y Big Pit. Ers 1975 pan ddechreuwyd cynnal cyfarfodydd

National Coal Board's South Wales Area Director informed his staff that nothing of historical value should be disturbed at the original Big Pit site. Since 1975, when formal meetings were first held between representatives of the National Coal Board, the National Museum of Wales, the Wales Tourist Board, local authorities and other bodies to discuss the preservation of Big Pit, the Coal Board have done a considerable amount of conservation work on the surface buildings as well as some repair work underground around the pit bottom, along possible visitor routes.

ffurfiol rhwng cynrychiolwyr y Bwrdd Glo Cenedlaethol, Amgueddfa Genedlaethol Cymru, Bwrdd Croeso Cymru, yr awdurdodau lleol a chyrff eraill i drafod cadw a diogelu'r Bit Pit, gwnaethpwyd llawer o waith i ddiogelu adeiladau pen y pwll gan y Bwrdd Glo, ynghyd â thrwsio gwaelod y pwll a'r rhodfeydd ar gyfer ymwelwyr.

Acknowledgement for permission to reproduce photographs are due to:— Mr. W.D. Morgan for plates 3 and 51; Mr. W. Gunter for plates 6, 7 and 49; Mr. John Cornwall for plates 5, 8, 52, 55, 60, 61, 66, 67, 68 and 69; the National Coal Board for plate 39; Mr. G.J. Welsh for plate 50. The remaining photographs are from the Museum collection. The author also wishes to acknowledge the ready co-operation and valuable assistance he has received from the National Coal Board and the management and men of Big Pit during his many visits to the colliery. Acknowledgement is also made to Mr. O. Davies for the map of Blaenafon Collieries and to the National Coal Board for the surface plan of Big Pit.

Cydnabyddir ffynonellau'r lluniau fel a ganlyn:— Mr. W.D. Morgan am luniau 3 a 51; Mr. W. Gunter am luniau 6, 7 a 49; Mr. John Cornwall am luniau 5, 8, 52, 55, 60, 61, 66, 67, 68 a 69; Y Bwrdd Glo am lun 39; Mr. G.J. Welsh am lun 50. Daw'r gweddill o'r lluniau o gasgliad yr Amgueddfa. Dymuna'r awdur gydnabod y cymorth parod a gafodd gan y Bwrdd Glo, ynghyd â help rheolwyr a gweithwyr Big Pit yn ystod ei ymweliadau mynych â'r pwll. Cydnabyddir Mr. O. Davies am y map o byllau Blaenafon, a'r Bwrdd Glo am y plan arwyneb o Big Pit.

1. Big Pit c.1890. A group of surface workers gathered inside the pithead enclosure.

Big Pit tua 1890. Grŵp o weithwyr ar ben y pwll.

2. William Philby (left) on his first day at Big Pit at the age of 13, in 1903. Died in 1974 of pneumoconiosis.

William Philby (chwith) ar ei ddiwrnod cyntaf yn y Big Pit ac yntau ond 13 oed ym 1903. Bu farw o pneumoconiosis ym 1974.

3. First Brigade from Big Pit, Blaenafon, 1911. About this time apparently there was a fire at Big Pit which lasted four months and cost three officials and five horses their lives. After that the colliery went over to double shift working. The rescue men are wearing Draeger breathing apparatus.

Brigâd Gyntaf y Big Pit, Blaenafon, 1911. Tua'r adeg yma, mae'n debyg fe fu tân yn y Big Pit. Bu'n cynnau am bedwar mis a chollodd tri swyddog a phum ceffyl eu bywydau. Wedi hynny y dechreuwyd gweithio sifft ddwbl yn y lofa. Mae'r achubwyr yn gwisgo offer anadlu Draeger.

4. Big Pit in 1907. View west, showing wooden headframe and in the middle left, the original steam winding engine house which was replaced in 1952 by the present electric winding engine. At the same time the headgear sheaves were changed to take round winding ropes instead of the flat ropes that had been used until then.

Big Pit ym 1907. Golygfa tua'r gorllewin lle gwelir ffrâm bren pen y pwll ac ychydig tua'r chwith o'r canol y mae'r tŷ peiriant dirwyn gwreiddiol a weithid ag ager ac a ddisodlwyd ym 1952 gan y peiriant dirwyn presennol a weithid â thrydan. Yr un pryd dechreuwyd defnyddio rhaffau dirwyn crwn yn lle'r hen raffau gwastad.

5. Coity Pit, 1936-7. The upcast pit for Big Pit, showing the building (centre) housing the ventilating fan with the fan outlet chimney on the top. On the left are the Coity houses built for workmen at the pit in the second half of the 19th century and abandoned, then demolished in 1975-6.

Pwll Coity, 1936-7. Yma y dychwelai'r aer a ddefnyddid i awyru'r Big Pit i'r wyneb a dyma'r adeilad (canol) lle cedwid y wyntyll awyru ynghyd â'r simnai. Ar y chwith fe welir tai'r Coity a godwyd ar gyfer y glowyr yn ail hanner y 19eg ganrif ac a ddymchwelwyd ym 1975-6.

6. Big Pit c.1910. View east, with compressor house, now fitting shop, in foreground and boilers, mostly out of view, between compressor house and office buildings in centre right. Original winding engine house shown clearly on right together with wooden headgear. Screens to be seen top left.

Big Pit tua 1910. Golygfa tua'r dwyrain gyda thŷ'r cywasgydd sydd bellach yn weithdy ffitio ar y tu blaen. Mae'r bwyleri fwy neu lai allan o'r golwg rhwng tŷ'r cywasgydd a'r swyddfeydd ychydig i'r dde o'r canol. Gwelir y tŷ peiriant dirwyn gwreiddiol ar y llaw dde ynghyd â'r ffrâm bren ar ben y pwll. Ar frig ochr chwith fe welir y sgriniau.

7. Big Pit 1951-2. Before the steam winding engine was replaced by an electric winder. Steam can be seen coming out of the exhaust pipe at the rear of the engine house behind which stands the new electric winder building. The row of masonry columns on the left of the picture formerly supported the gantry used to carry wagons loaded with coke, iron ore and limestone to the blast furnaces of the nearby Forgeside works of the Blaenavon Iron & Steel Company.

Big Pit 1951-2. Cyn disodli'r peiriant dirwyn a weithid ag ager gan un a weithid â thrydan. Yma mae'r ager yn dod allan o'r biben wacau yng nghefn y tŷ peiriant lle saif tŷ'r peiriant dirwyn newydd a weithid â thrydan. Byddai'r rhes o golofnau a welir ar y chwith yn arfer cynnal y gantri a ddefnyddid i gario'r wagenni llawn o gôc, mwyn haearn a chalch i ffwrneisi gwaith Forgeside a berthynai i Gwmni Haearn a Dur Blaenafon.

8. The Big Pit steam winding engine by Fowler of Leeds, removed in 1952. Note the flat wire winding rope wound around its reel on the left of the picture. The engine had twin cylinders, 24in diameter × 48in stroke.

Peiriant dirwyn y Big Pit a weithid ag ager. Gan Fowler o Leeds y cafodd ei gynhyrchu ac ym 1952 y cafodd ei ddisodli. Sylwer ar y rhaff wastad ar ei rîl ar ochr chwith y darlun. Yr oedd i'r peiriant silindrau dwbl 24 modfedd ar draws X stroc 48 modfedd.

9. Big Pit, 1965. Manager's Office on left, Officials Consulting room on right. Standing outside the doorway to Manager's Office is a fossil tree root (Stigmaria).

Big Pit, 1965. Swyddfa'r Rheolwr ar y chwith ac ystafell Ymgynghori'r Swyddogion ar y dde. Y tu allan i ddrws Swyddfa'r Rheolwr mae ffosil o wreiddyn coeden (Stigmaria).

10. Horse-haulage was still in use on Big Pit surface and underground in 1967. The photograph shows a horse and tram used to move materials on the surface at this time. Canteen is to be seen on the higher ground to left of photograph.

Yn y Big Pit mor ddiweddar â 1967 fe ddefnyddid, ar ben y pwll ac o dan y ddaear, geffylau i dynnu'r wagenni. Yma fe ddangosir tram a cheffyl a ddefnyddid i symud y gwahanol eitemau ar ben y pwll. Yn uwch i fyny ar y llaw chwith fe welir y cantîn.

11. Big Pit Yard in 1967. Stocked with hydraulic props for use in the Garw Seam which has a maximum thickness of 2ft 6in and an average thickness of only 2ft 3in.

Iard y Big Pit ym 1967. Yma y cedwid y propiau hydrolig a ddefnyddid yng Ngwythien y Garw. Ar ei heithaf 2½ troedfedd oedd trwch y wythïen a'i thrwch ar gyfartaledd oedd 2 troedfedd 3 modfedd.

12. 'Sheep may safely graze', emphasising the remoteness of the colliery site and its proximity to the sheep pastures on the slopes of the Coity Mountain which lies hehind the grassy bank occupied by the sheep.

'Lle daw'r defaid i bori'. Tanlinellir yma safle anhygyrch y lofa a'i hagosatrwydd at libart y defaid ar lethrau Mynydd y Coity a gwyd y tu ôl i'r banc gwyrddlas a'r defaid.

13. General view of surface of Big Pit to the north-west — the usual direction of approach to the colliery. June 1967.

Golygfa gyffredinol o ben pwll y Big Pit tua'r gogledd-orllewin a'r fynedfa i'r lofa. Ym 1967 y tynnwyd y llun hwn.

14. June 1967. Reverse view — to the south-east — from the previous illustration (13) showing part of the conical shaped Big Pit tip removed under a land reclamation scheme in early 1973.

Mehefin 1967. Rhan o domen bigfain y Big Pit a gafodd ei symud yn gynnar ym 1973 o dan gynllun adfer tir diffaith.

15. General view north-east with smiths' shop in foreground, offices centre left and pit-head with winder centre right. June 1967

Golygfa gyffredinol i'r gogledd ddwyrain yn cynnwys efail y gof ar y tu blaen, swyddfeydd ar y chwith o'r canol a phen y pwll a'i beiriant dirwyn tua'r dde o'r canol. Mehefin 1967.

16.

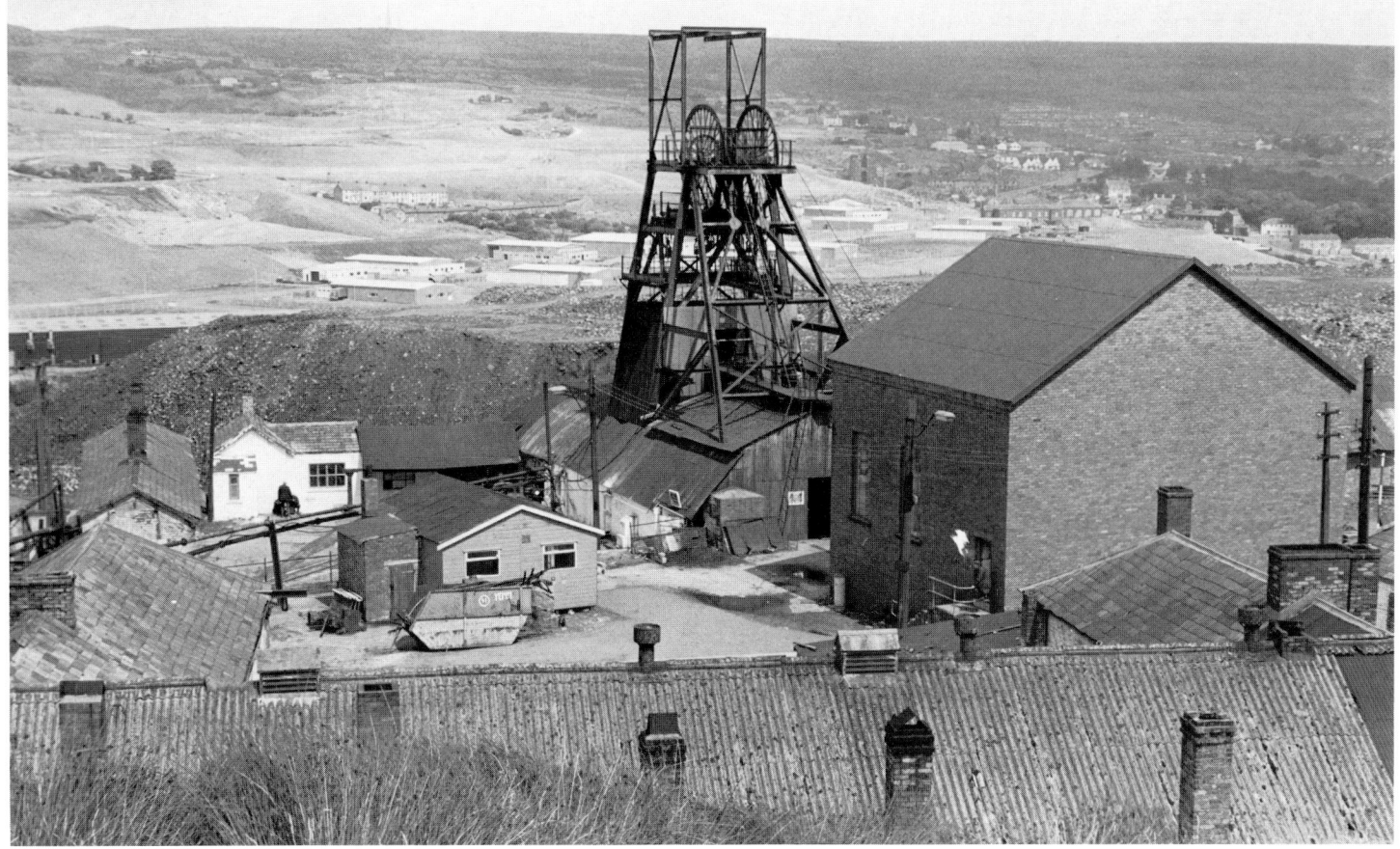

16. Another view similar to the previous photograph, but five years later, showing the land reclamation in the background and the erection of the first factories on the Gilchrist Industrial Estate, Blaenafon.

Golygfa debyg i'r un flaenorol, ond bum mlynedd yn ddiweddarach. Yma gwelir yn y cefndir y tir a adferwyd a'r ffatrïoedd cyntaf yn cael eu hadeiladu ar Ystad Ddiwydiannol Gilchrist.

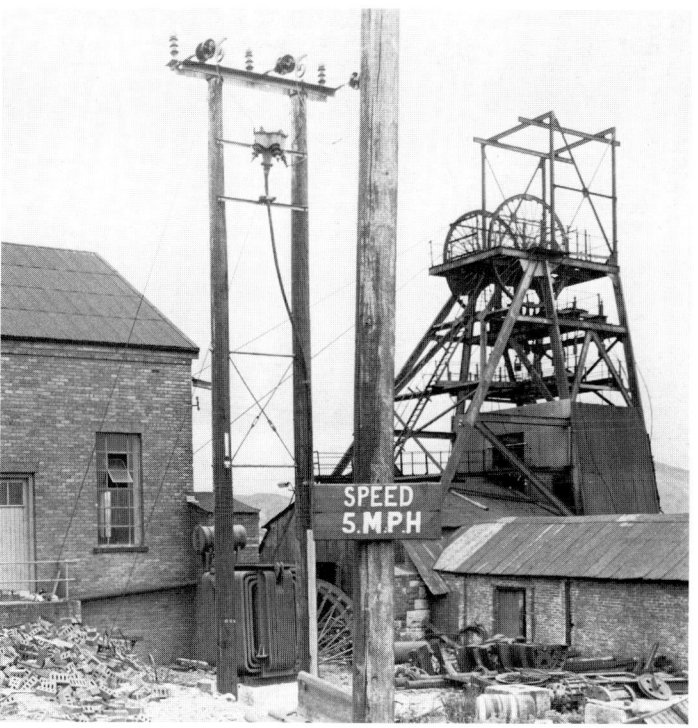

17. View south-east again showing part of the Big Pit tip before its removal in 1973. June 1967

Golygfa i'r de ddwyrain lle gwelir eto ran o domen y Big Pit cyn ei symud ym 1973. Mehefin 1967.

18. Winding engine house and headgear and part of tram-circuit housing (return side). The original winding arrangments at Big Pit consisted of a twin cylinder horizontal steam winding engine with a flat wire rope. This was replaced by an electric winder and a conventional round rope in 1952.

Tŷ'r peiriant dirwyn, fframwaith pen y pwll a rhan o adeiladau'r system tramiau. Cynhwysai'r system ddirwyn wreiddiol yn y Big Pit beiriant dirwyn dwy silindr llorweddol a weithid ag ager. Rhai gwastad oedd y rhaffau gwifrau cyn i'r peiriant ager gael ei ddisodli gan beiriant trydan a'r rhaffau gwastad gan raff gron ym 1952.

19. The winding engine consists of a cylindrical drum 9ft diameter, arranged in two halves, and driven through gearing by a 340 BHP Metropolitan Vickers Induction Motor. The rope is 1¾in diameter and the photograph, taken in 1975, shows the winding engineman at the controls.

Mae'r peiriant dirwyn yn cynnwys drwm silindrig 9 troedfedd ar draws a drefnid yn ddau hanner a'i yrru gan y Metropolitan Vickers Induction Motor 340 BHP. Mae'r rhaff yn 1¾ modfedd ar draws ac yn y llun a dynnwyd ym 1975 fe welir y peiriannydd dirwyn wrth ei waith.

20. The winding engineman is shown lubricating the shaft carrying the large gear wheel and drum. One winding rope is seen to come off the top of one half-drum whilst the other comes off the bottom of the other half-drum. This is the usual arrangement with twin headgear pulleys and two cages in the shaft. Thus when the drum rotates in one direction, one rope raises the cage from pit bottom whilst the other lowers the cage from the surface. At the next winding cycle the movement of the winding drum, ropes and cages is reversed. Therefore, a cage arrives at the surface on alternate sides of the shaft with each successive winding operation.

Gwelir y peiriannydd yn rhoi olew ar y siafft sy'n cario'r olwyn gêr fawr a drwm. Daw un o'r rhaffau dirwyn dros ben un hanner drwm a daw'r rhaff arall oddi ar waelod yr hanner drwm arall. Hon oedd y drefn arferol gyda chwerfan dwbl a dau gaets yn y siafft. Pan fyddai'r drwm yn troi mewn un cyfeiriad, fe godai un rhaff y caets o waelod y pwll tra gostyngai'r llall y caets o'r wyneb. Yn ystod y cylch dirwyn nesaf, i'r gwrthwyneb y bydd symudiad y drwm dirwyn y rhaffau a'r caetsys. Felly fe ddaw caets i'r wyneb ar wahanol ochrau'r siafft bob yn ail.

21. This unusual view of the engine is taken from the front of the building looking towards the driver's cab at the rear. It shows the two halves of the drum each with its caliper brake arrangement. The half-drum on the right with a complete layer of rope is connected to the cage on the surface whilst the half-drum on the left with a few coils of rope only is connected to the cage at the pit bottom.

Tynnwyd y llun anarferol hwn o'r peiriant o du blaen yr adeilad gan edrych i gyfeiriad caban y gyrrwr yn y cefn. Dangosir dau hanner y drwm a phob un â'i frec caliper ei hun. Caiff yr hanner drwm gyda haen gyflawn o raff ei gysylltu â'r caets ar yr wyneb tra chaiff yr hanner drwm ar y chwith gydag ychydig o raff yn unig ei gysylltu wrth y caets ar waelod y pwll.

22. View east from above the colliery with Blaenafon in the background. At the bottom right is the smiths' shop with its row of forge chimneys. 1975.

Golygfa tua'r dwyrain uwchlaw'r lofa a Blaenafon yn y cefndir. Ar y llaw dde ar y gwaelod gwelir efail y gof a'i rhes o simneiau. 1975.

23. Photograph showing the smiths' shop in the background and the adjoining building on the left which housed the shoeing forge on the ground floor and today houses the colliery's fire station on the floor above.

Llun yn dangos efail y gof yn y cefndir a'r adeilad cysylltiol ar y chwith lle ceid yr efail bedoli a lle ceir heddiw ar y llawr uwch ei phen orsaf dân y lofa.

24. The interior of the smiths' shop showing three forges with a blacksmith working at his anvil in front of the middle forge. There is a fourth forge out of view on the left. May 1974.

Tu mewn i'r efail. Gwelir yma y tri phentan a gof yn gweithio wrth ei einion o flaen y pentan canol. Mae'r pedwerydd pentan allan o'r golwg ar y llaw chwith. Mai 1974.

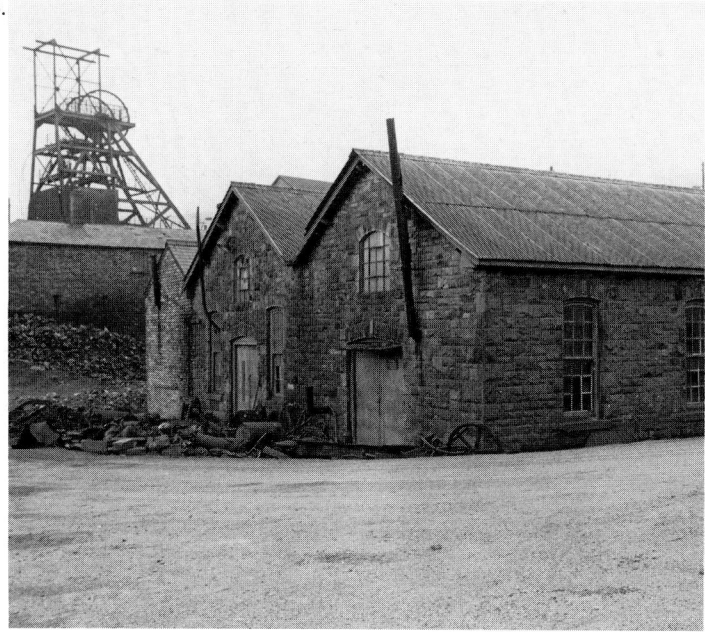

25. Colliery fitting shop building of dressed stone construction.

Gweithdy ffitio'r lofa — adeilad o gerrig nadd.

26. One of the forges in the smiths' shop, showing, besides the forge and anvil, the wide variety of blacksmiths' tools hanging against the wall.

Un o'r pentanau yn yr efail. Yn ogystal â'r pentan a'r einion fe welir offer y gof yn hongian ar y wal.

28. Fitting shop with, from right to left, drilling machine, lathe (second hand in 1905) and belt pulleys beyond which is a shaping machine which could also be driven by belt. The driving motor for the system is inside the wooden enclosure in the background.

Gweithdy ffitio ac o'r dde i'r chwith, peiriant drilio, turn lathe (ail-law ym 1905) a chwerfain feltiau. Y tu hwnt iddynt mae peiriant ffurfio a yrrid hefyd â belt. Yn y cefndir y tu ôl i'r pared pren mae'r modur sy'n gyrru'r system.

27. Inside fitting shop with fitters using hand operated block and tackle lifting arrangements for handling heavy pieces of machinery.

Y tu mewn i'r gweithdy ffitio fe welir y ffitwyr yn defnyddio cyfarpar bloc a thacl a weithid â dwylo i godi darnau trwm o beiriannau.

29. Interior of fitting shop showing on the left the arrangement of belt pulleys for driving the lathe. This old method of driving machinery using pulleys and belts and overhead shafting is still employed in the fitting shop.

Tu mewn i'r gweithdy ffitio lle gwelir ar y chwith y chwerfain a yrrai'r turn. Yn y gweithdy ffitio parheir i ddefnyddio'r hen ddull hwn o beiriannau gyrru gyda chwerfain a beltiau ynghyd â siafft uwchben.

30. Photograph taken in 1972 showing the author standing in front of the pit-head enclosure with the colliery's compressed air receiver (storage vessel) on his left. The steel joist headgear shown replaced the original wooden headgear and was erected in 1921 whilst the colliery was idle due to the general stoppage of work in the country's coal mines from April to June of that year.

Ffotograff a dynnwyd ym 1972 lle gwelir yr awdur yn sefyll o flaen yr iard ar ben y pwll. Ar ei law chwith mae storfa'r aer a gywesgir at ddibenion y lofa. Y fframwaith dur hwn a godwyd ym 1921 a ddisodlodd yr hen fframwaith pren gwreiddiol. Ym 1921 yr oedd y pwll yn segur; rhwng Ebrill a Mehefin y flwyddyn honno ni chafwyd gweithio ym mhyllau glo'r wlad.

31. Men emerging from the cage at the end of the day shift, February 1975. The shaft continued in use for manriding until the summer of 1976. From that time only pumpsmen, outbye deputies and repairers used the shaft and only on the day shift.

Glowyr yn dod allan o'r caets wedi sifft y dydd, Chwefror 1975. Parhawyd i ddefnyddio'r siafft i godi ac i ostwng y gweithwyr hyd haf 1976. Oddi ar hynny, dim ond pympwyr, dirprwywyr a thrwsiwyr a fyddai'n defnyddio'r siafft a hynny yn ystod sifft y dydd yn unig.

32. The cage reaches the surface with its complement of day shift workmen (February 1975). Although since July 1973, all the Blaenavon Mine coal had been brought up the new drift by conveyor belt, it was not until the summer of 1976 that manriding facilities were provided in the new drift and a coach shuttle service was provided by the N.C.B. to and from the drift and the pit-head baths.

Yn y caets mae gweithwyr sifft y dydd (Chwefror 1975). Er mai ar hyd y drifft newydd y cafodd y glo o Bwll Blaenafon ei godi oddi ar Orffennaf 1973, ni chafwyd yno gyfleusterau i gario'r glowyr tan haf 1976. Y pryd hwnnw fe ddarparwyd gan y Bwrdd Glo Cenedlaethol wasanaeth bws yn ôl a blaen i'r drifft a'r baddonau ar ben y pwll.

33. An easterly view showing miners, having emerged from underground via the shaft, climbing some steps leading to the pit-head baths.

Golygfa tua'r dwyrain. Mae'r glowyr wedi dod i fyny drwy'r siafft a cherddant i fyny'r grisiau sy'n arwain i'r baddonau.

34. Day shift miners after bathing, enjoying a cup of tea in the canteen before leaving for home.

Glowyr sifft y dydd ar ôl ymolchi yn mwynhau cwpanaid o de yn y cantîn cyn mynd tua thre.

35. Group of miners on the afternoon shift relax outside the pit-head enclosure whilst waiting until it is time to go underground. (1975-6).

Grŵp o lowyr sifft y prynhawn y tu allan i iard pen y pwll yn disgwyl am fynd o dan y ddaear. (1975-6).

36. This group of afternoon men were also photographed enjoying the sunshine before going underground. April 1973.

Tynnwyd llun y glowyr hyn hefyd yn mwynhau'r heulwen cyn mynd o dan y ddaear. Ebrill 1973.

37. Afternoon shift men move towards the cage before descending the shaft to commence work. 1973.

Glowyr sifft prynhawn yn cyrchu i'r caets cyn mynd lawr o dan y ddaear at eu gwaith. 1973.

38. First cage-load of men in position and the banksman (on the right, wearing cap) gets ready to close the gate. 1973.

Y caets cyntaf yn ei le a'r gŵr (ar y dde) yn paratoi i gau'r gatiau. 1973.

39. Westerly view showing tram circuit enclosure in foreground. When the shaft was in use for coal winding (prior to 1973), the full trams, on leaving the cage to the right of the headframe, turned right again and ran into the *tippler* where they were emptied and pushed out by the next full tram. The empty tram was then picked up by the *creeper* and carried forward on its way to the turn-around at the far end of the circuit from the shaft, from where it returned under gravity to the cage (to the left of headframe) to be lowered down the shaft once more. The colliery canteen and baths can be seen at the top left of the picture. 1973.

Golygfa tua'r gorllewin. Yma gwelir iard y tramiau ar y tu blaen. Pan ddefnyddid y siafft i godi glo (cyn 1973) byddai'r tramiau llawn, ar ôl dod o'r caets ar y dde i'r ffrâm ben pwll, yn troi i'r dde unwaith eto cyn rhedeg i'r *tipler* lle caent eu gwacau a'u gwthio allan gan y tram llawn nesaf. Yna fe gâi'r tram gwag ei gario ymlaen ar ei ffordd i'r drofa (turn-around) ym mhen pella'r gylchdaith lle y dychwelai dan rym disgyrchiant i'r caets (ar ochr chwith y ffrâm ben pwll) ar ei ffordd i lawr y siafft unwaith eto. Ar frig ochr chwith y llun gwelir cantîn a baddonau'r lofa. 1973.

40. View looking towards the shaft of one side of the tram circuit with the creeper shown in the foreground and tram tippler in the background. 1973.

Golygfa wrth edrych i gyfeiriad y siafft a hanner cylchdaith y tramiau. Ar y tu blaen fe welwn y creeper, a thipiwr y tram yn y cefndir. 1973.

41. View of cage, with its complement of afternoon men, about to be lowered.

Y caets a gweithwyr y prynhawn ar fin cael eu gostwng.

42. Afternoon and day officials confer between shifts in front of manager's office (left) and consulting room (fireman's crib) (right). March 1976.

Swyddogion y prynhawn a'r dydd yn ymgomio rhwng siffiau o flaen swyddfa'r rheolwr (chwith) a'r ystafell ymgynghori (de). Mawrth 1976.

43. Looking away from the shaft, a closer view of the tippler with a tram about to enter.

Edrych o gyfeiriad y siafft. Yma ceir cip agosach ar y tipiwr gyda thram ar fin mynd i mewn.

44. Surface foreman (left) and day shift deputy walking across the pit yard.

Fformon ar ben y pwll a dirprwy sifft y dydd yn cerdded ar draws iard y pwll.

45. Afternoon shift officials walking towards the pit-head before going underground. March 1976.

Swyddogion sifft y prynhawn yn cerdded at ben y pwll cyn mynd o dan y ddaear. Mawrth 1976.

46.   Afternoon shift deputy confers with workmen at entrance to pit-head before descending the pit. March 1976.

Dirprwy sifft y prynhawn yn sgwrsio â gweithwyr wrth fynedfa pen y pwll cyn mynd o dan y ddaear. Mawrth 1976.

47.   June 1967. Kear's Slope water course with old type tram.

Mehefin 1967. Cwrs dŵr Kear's Slope a hen fath ar dram.

48. Kear's Slope water course. Stone-walling and timbering using method of collars or notched roof bars on shaped props standing on side-walls.

Cwrs dŵr Kear's Slope. Codi muriau cerrig a gosod coed drwy ddefnyddio coleri.

49. Milfraen Colliery, near Blaenafon. This colliery was owned originally by John Jayne and worked by him from 1865 until after 1884. It was then taken over by the Blaenavon Iron & Steel Company Ltd. and 'reopened' in 1888. It was worked in close collaboration with Kay's Slope in the 1900s and in 1914 the two were listed together and employed a total of 1,302 men. In 1918 Milfraen had a slant and pit and in 1921 the Milfraen Slant and Pit was again listed separately, the colliery's manpower reaching 769 in 1924. Its manpower fell to 69 in 1927 and the colliery was described in 1931 as temporarily closed. In 1935, only 7 men were employed there and no coal had been raised since 1933. The Blaenavon Company Ltd. in 1935 operated Big Pit, Garn Slope, Kay's Slope and Milfraen Pit, the latter being used for ventilation purposes only. The photograph, date unknown, shows the colliery to have had a wooden headframe, wooden trams and a steam winding engine.

Glofa Milfraen gerllaw Blaenafon. Perchennog gwreiddiol y lofa hon oedd John Jayne a fu yn ei gweithio o 1865 hyd 1884. Y perchennog nesaf oedd Cwmni Haearn a Dur Blaenafon a ailagorodd y lofa ym 1888. Fe'i gweithiwyd ar ddechrau'r ganrif hon mewn cydweithrediad agos â Kay's Slope. Ym 1914 fe restrir y ddwy gyda'i gilydd a 1302 o weithwyr a gyflogid yma y pryd hwnnw. Ym 1918 ceid ym Milfraen 'slant' a phwll ond erbyn 1921 caent eu rhestru ar wahân unwaith eto. Ym 1924, 769 oedd nifer y gweithwyr. Erbyn 1927 yr oedd y cyfanswm wedi disgyn i 69 ac ym 1931 fe'i disgrifir fel glofa a gawsai ei chau tros dro. Dim ond saith o wŷr a weithiai yma ym 1935, ac oddi ar 1933 ni fu cynhyrchu glo yma o gwbl. Ym 1935 gweithid y Big Pit, Garn Slope, Kay's Slope a Phwll Milfraen (a ddefnyddid at ddibenion awyru'n unig) gan Gwmni Blaenafon Cyf. Dangosir yn y ffotograff hwn y mae ei ddyddiad yn anhysbys ffrâm bren pen y pwll, tramiau pren a pheiriant dirwyn a yrrid ag ager.

50. Surface workmen at Milfraen Colliery in 1871. The wooden headframe can be seen in the right background. The colliery was 1 ½ miles north-west of Big Pit, on the same side of the valley.

Gweithwyr pen y pwll yng Nglofa Milfraen ym 1871. Gwelir y ffrâm bren yn y cefndir ar y llaw dde. Yr oedd y lofa hon 1 ½ milltir i'r gogledd-orllewin o'r Bit Pit ar yr un ochr o'r cwm.

51. From the crowd of men dressed in suits gathered around the pit-head and what appears to be an ambulance, the photograph is probably of Milfraen Colliery not long after an explosion there on the 10th July 1929, when 9 men lost their lives.

Ar 10 Gorffennaf 1929 cafwyd tanchwa yng Nglofa Milfraen pan gollodd naw o lowyr eu bywydau. Yma fe welir ambiwlans a thyrfa o wŷr yn eu dillad diwetydd ar ben y pwll.

52.

Wilfrwn Colliery, Nr Blaenavon

52. Milfraen Colliery *c.*1910. Another view showing the steam winding engine house on the right with the boilers alongside and the wooden headframe still in use.

Glofa Milfraen *c.*1910. Golygfa arall yn dangos ar y dde dŷ'r peiriant dirwyn a weithid ag ager. Wrth ei ochr mae'r bwyleri a'r ffrâm bren a gâi ei defnyddio o hyd.

53. The photograph shows the partially bricked-up entrance to the Blaenafon end of the Pwlldu Tunnel, or Tunnel Mouth as it was known. This was originally a level which worked ironstone for the Blaenavon Works. The level, driven northwards throught the mountain, eventually emerged at Pwlldu just over a mile away and known as the Pwlldu Tunnel, it formed part of the tramroad built by Thomas Hill to carry iron from his Blaenavon Ironworks to his forge at Garnddyrys in 1817.

Yma dangosir y fynedfa sydd wedi'i llenwi'n rhannol â briciau ar ochr Blaenafon o Dwnel Pwlldu neu'r Tunnel Mouth fel y'i gelwid. Lefel a weithiai fwyn haearn ar gyfer Gwaith Blaenafon oedd hon yn wreiddiol. Mewn cyfeiriad gogleddol y cawsai'r lefel hon ei gyrru drwy'r mynydd. Daw allan filltir i ffwrdd ym Mhwlldu. Dyma Dwnel Pwlldu a ffurfiai ran o'r dramffordd a adeiladwyd gan Thomas Hill i gario haearn o Waith Blaenafon i'w efail yng Ngarnddyrys ym 1817.

54.

54. Garn Pit, nearly a mile up the valley from Bit Pit, was sunk by the Blaenavon Ironworks Company before 1839. The photograph is very similar to another which is dated 1890. The 'in line' arrangement of headgear pulleys shown was to enable the winding engine to work two closely placed shafts simultaneously, lowering the cage in one and raising it in the other, the ropes coming off the top and bottom of the winding drum to the respective shafts.

Suddwyd Pwll y Garn sydd oddeutu milltir i fyny'r cwm o'r Big Pit gan Gwmni Gwaith Haern Blaenafon cyn 1839. Mae'r ffotograff hwn yn debyg iawn i un arall dyddiedig 1890. Gosodwyd y chwerfain pen y pwll a welir yma er mwyn i'r peiriant dirwyn allu gweithio dwy siafft yr un pryd drwy ostwng y caets mewn un a'i godi yn y llall. Rhedai'r rhaffau o ben ac o waelod y drwm dirwyn i'r gwahanol siafftau.

55. Haulier and pony returning to Big Pit after working on the underground water course at Kear's Slope in the 1960s.

Halier a'i ferlyn yn dychwelyd i'r Big Pit ar ôl bod yn gweithio ar y cwrs dŵr o dan y ddaear yn Kear's Slope yn ystod chwedegau'r ganrif hon.

56. Entrance to Kear's Slope, June 1967.

Y fynedfa i Kear's Slope, Mehefin 1967.

57. Surface buildings at Kay's and Garn Slopes with haulage engine house for Kay's Slope on the left and that for Garn Slope in front of the workshops building on the right. In the background is the Kay's and Garn tip. June 1967.

Adeiladau Kay's Slope a Garn Slope. Ar y chwith gwelir tŷ peiriant halio Kay's Slope a thŷ peiriant halio Garn Slope o flaen y gweithdai ar y dde. Yn y cefndir mae tomenni'r ddwy lofa. Mehefin 1967.

58. Entrance to Kay's Slope, June 1967. Kay's Slope was driven to the surface from the underground workings in the Three Quarters Seam of Kear's Slope in 1855. The colliery together with its companion Garn Slope closed in 1966.

Y fynedfa i Kay's Slope, Mehefin 1967. Cafodd Kay's Slope ei yrru i'r wyneb o Wythïen Three Quarters Kear's Slope ym 1855. Caeodd y lofa hon a Garn Slope ym 1966.

59. Entrance to Garn Slope, June 1967. Whereas Kay's Slope ran westwards from the surface, Garn Slope was driven northwards in 1925.

Y fynedfa i Garn Slope, Mehefin 1967. Tua'r gorllewin o'r wyneb y rhedai Kay's Slope ac ym 1925 gyrrwyd Garn Slope tua'r gogledd.

60. Engine shed, originally of the Blaenavon Iron & Steel Company, later the National Coal Board's Blaenavon Group of collieries. Standing outside in August 1973 is Andrew Barclay 0.6.0. locomotive Nan, No 18.

Sied beiriannau a berthynai'n wreiddiol i Gwmni Haearn a Dur Blaenafon ac i Grŵp glofeydd Blaenafon y Bwrdd Glo Cenedlaethol yn ddiweddarach. Yn sefyll y tu allan ym mis Awst 1973 y mae Andrew Barclay 0.6.0. injan Nan, Rhif 18.

61. Andrew Barclay 0.6.0. locomotive Nora, No 5, built in 1919, working at Blaenafon near the old Ironworks in 1972.

Andrew Barclay 0.6.0. injan Nora, Rhif 5 a adeiladwyd ym 1919 yn gweithio ym Mlaenafon gerllaw'r hen Waith Haearn ym 1972.

63. B. Row Forgeside, one of five rows, A,B,C,D,E of nineteenth century industrial houses at Forgeside Blaenafon, probably built mainly to house the workers at the Tyre Mill of the Forgeside Works of the Blaenavon Iron & Coal Company. They are shown on the 1880 edition of the 25 inch Ordnance Survey Map of the area.

Rhes B Forgeside un o'r pum rhes A,B.C.D.E o dai diwydiannol o'r bedwaredd ganrif ar bymtheg yn Forgeside, Blaenafon. Mae'n debyg i'r rhain gael eu codi'n bennaf i gartrefu gweithwyr Melin Tyre, Gwaith Forgeside Cwmni Haearn a Glo Blaenafon. Fe'u dangosir ar argraffiad 1880 o Fap 25 modfedd yr Arolwg Ordnans.

62. Remains of ironworks slag tip. Entrance to Engine Pit Level visible in bottom right hand corner. 1968.

Olion tomen y gwaith haearn. Gwelir y fynedfa i lefel yr Engine Pit ar y gwaelod ar y llaw dde. 1968.

45

64. A. Row — rear view of this row of houses on Forgeside, 1975.

Rhes A — golygfa yn dangos cefn y rhes hon o dai yn Forgeside, 1975.

65. Blaenavon Co. Ltd. Offices and Stores near the site of the original Ironworks on the east side of the valley. Later the building became the Group Office for the Blaenavon Collieries of the National Coal Board. 1968.

Storfeydd a Swyddfeydd Cwmni Blaenafon Cyf. ger safle'r Gwaith Haearn gwreiddiol ar ochr ddwyreiniol y cwm. Yn ddiweddarach fe ddefnyddiwyd yr adeilad fel Swyddfa Grŵp Glofeydd Blaenafon y Bwrdd Glo Cenedlaethol. 1968.

66. Underground fitter's cabin near pit bottom, Big Pit, 1977.

Caban ffitiwr o dan y ddaear ger gwaelod y pwll, Big Pit, 1977.

67. Forge Level (1812), stone arched roadway connecting with River Arch, Big Pit, 1977. (View looking from River Arch end towards the pit bottom.)

Forge Level (1812) ffordd fwa cerrig a gysylltai â'r River Arch, Big Pit, 1977. (Golygfa wrth edrych o'r River Arch i gyfeiriad gwaelod y pwll.)

68. A length of coal face in the Yard Vein near the bottom of Coity Pits, the upcast pits for Big Pit. The face is shown supported by the old system of wooden props and bars.

Ffas yng Ngwythïen Yard ger gwaelod Pyllau Coity. Yma gwelir hen ddulliau cynnal sef y polion a'r barau pren.

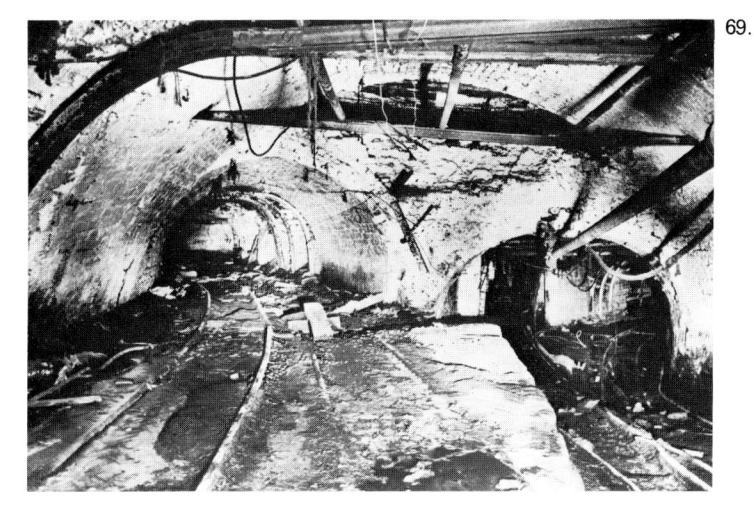

69. Junction near pit-bottom, Big Pit, 1977.

Cyffordd gerllaw gwaelod y pwll, Big Pit, 1977.

Blaenafon collieries/ Pyllau Glo Blaenafon

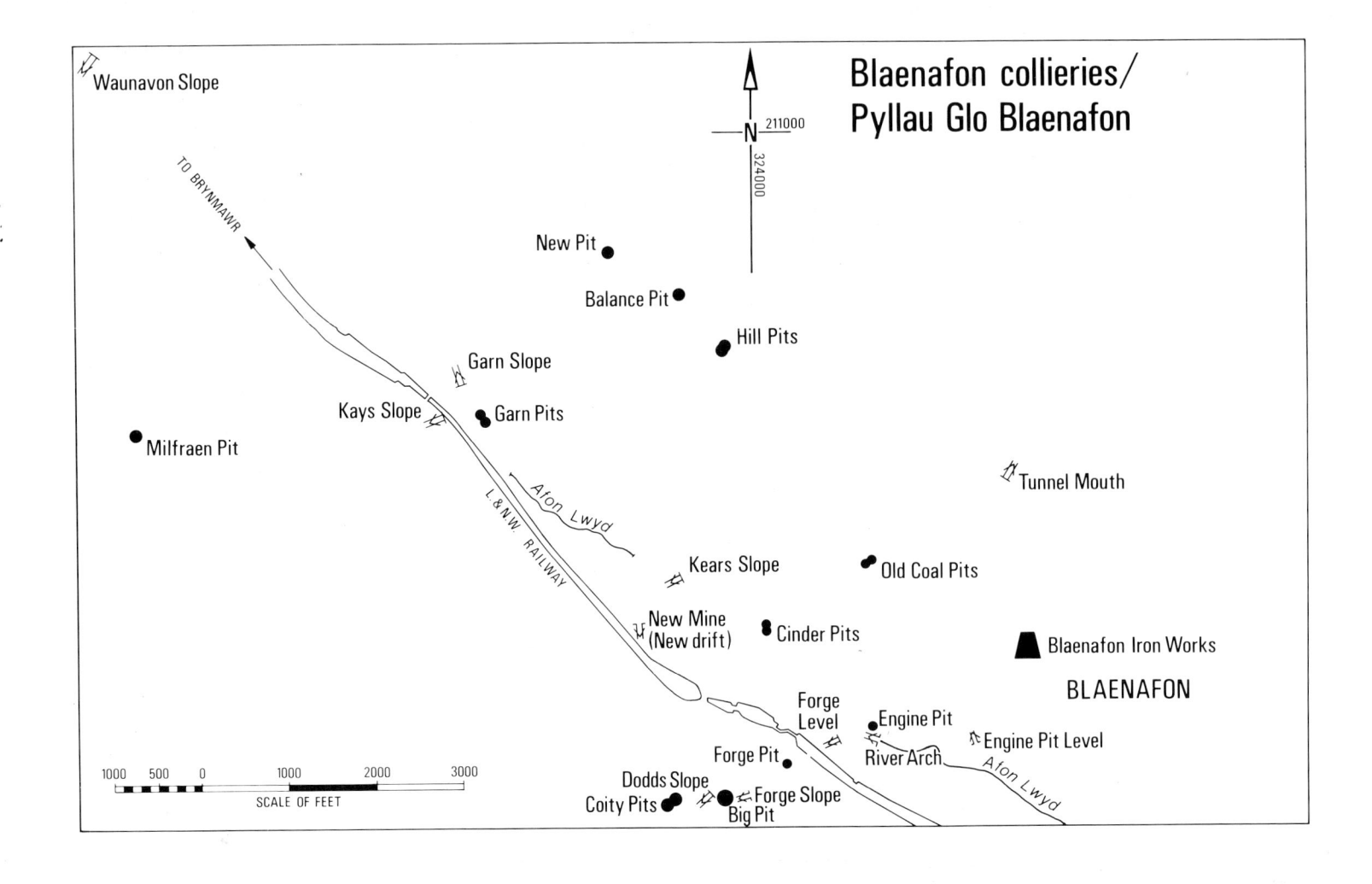